Yaima Ibarra Alzugaray

Ejercicios resueltos, paso a paso, de Estadística Descriptiva

Yaima Ibarra Alzugaray

Ejercicios resueltos, paso a paso, de Estadística Descriptiva

Una guía práctica para dominar conceptos y técnicas de Estadística Descriptiva a través de ejemplos ilustrativos

Editorial Académica Española

Imprint
Any brand names and product names mentioned in this book are subject to trademark, brand or patent protection and are trademarks or registered trademarks of their respective holders. The use of brand names, product names, common names, trade names, product descriptions etc. even without a particular marking in this work is in no way to be construed to mean that such names may be regarded as unrestricted in respect of trademark and brand protection legislation and could thus be used by anyone.

Cover image: www.ingimage.com

Publisher:
Editorial Académica Española
is a trademark of
Dodo Books Indian Ocean Ltd. and OmniScriptum S.R.L publishing group

120 High Road, East Finchley, London, N2 9ED, United Kingdom
Str. Armeneasca 28/1, office 1, Chisinau MD-2012, Republic of Moldova, Europe
Managing Directors: Ieva Konstantinova, Victoria Ursu
info@omniscriptum.com

Printed at: see last page
ISBN: 978-620-8-82687-1

Título: Ejercicios resueltos, paso a paso, de Estadística Descriptiva.

Yaima Ibarra Alzugaray

Universidad Central Marta Abreu de Las Villas

Licenciada en Economía

Máster en Administración de Negocios.

yaimaia@uclv.edu.cu

Resumen

El siguiente material se titula “Ejercicios resueltos, paso a paso, de Estadística Descriptiva”. Aborda aspectos conceptuales de la Estadística Descriptiva que servirán de guía para la comprensión de los ejercicios resueltos que se proponen. Los mismos son tomados del libro Laboratorio de Estadística Matemática I, primera parte.

Constituye un material de apoyo en el proceso de enseñanza - aprendizaje en la educación superior, específicamente, dirigido, a los estudiantes que cursan las carreras afines con las Ciencias Económicas.

Palabras clave: estadística descriptiva, ejercicios resueltos, estadígrafos, frecuencia

Abstract

Tittle: Exercises solved step by step of Descriptive Statistics

The following material is entitled "Exercises solved, step by step, Descriptive Statistics." It addresses conceptual aspects of Descriptive Statistics that will serve as a guide for the understanding of the solved exercises that are proposed. They are taken from the book Laboratory of Mathematical Statistics I, first part.

It constitutes a support material in the teaching-learning process in higher education, specifically, aimed at students who are pursuing careers related to Economic Sciences.

Keywords: descriptive statistics, solved exercises, statisticians, frequency

Contenido

Introducción

La Estadística Descriptiva es una rama de la Estadística, encargada de recolectar, analizar y caracterizar un conjunto de datos, con el objetivo de describir el comportamiento de este mediante tablas, gráficos y estadígrafos, ya sean de posición como de dispersión.

El análisis o procesamiento de conjuntos de datos numéricos es de fundamental importancia porque brinda las herramientas necesarias para que los estudiantes la apliquen en su vida profesional.

Este documento ha sido preparado especialmente para ayudar a desarrollar el estudio independiente del estudiante en el tema de Estadística Descriptiva de la asignatura Estadística Matemática, que se imparte en las carreras de Licenciatura en Economía, Licenciatura en Contabilidad y Finanzas (CRD y CPE), Licenciatura en Educación Especialidad Economía y Comercio Sostenible (ciclo corto) de la Facultad Ciencias Económicas de la UCLV.

Objetivos

Que el estudiante sea capaz de:

1. Clasificar los datos u observaciones.
2. Definir los conceptos inherentes a la Estadística Descriptiva.
3. Construir tablas de distribución de frecuencias.
4. Aplicar las propiedades de las frecuencias.
5. Representar gráficamente una distribución de frecuencias.
6. Calcular e interpretar los estadígrafos de posición y de dispersión.

El documento se estructura en tres secciones:

Sección I: Métodos descriptivos. Conceptos básicos.

Sección II: Estadígrafos de posición y dispersión.

Sección III: Ejercicios resueltos.

Sección 1: Métodos Descriptivos. Conceptos básicos

1.1 Definiciones y conceptos fundamentales

Para un mejor entendimiento de la Estadística Descriptiva se proponen una serie de definiciones que pueden aplicarse en la resolución posterior de los ejercicios.

Definición 1

Datos cuantitativos discretos: son aquellos que solo pueden tomar un número finito o numerable de valores diferentes. Ejemplo: número de hijos de una familia; número de trabajadores de una empresa; número de árboles frutales en una finca, en fin, son aquellos susceptibles de conteo.

Definición 2

Datos cuantitativos continuos: son aquellos que pueden tomar cualquier valor en un intervalo de los números reales, o sea, cuando pueden tomar un número infinito no numerable de valores reales diferentes. Ejemplo: estatura y peso de un individuo, salario, etc. Susceptible de medición.

1.2 Construcción de tablas de frecuencia

Es el primer paso para poder representar gráficamente un conjunto de datos u observaciones.

1.2.1 Variable discreta (datos no agrupados)

Sean $x_1, x_2, \cdots, x_n$, un conjunto de observaciones discretas y $y_1, y_2, \cdots y_m$, conjunto de valores diferentes que toman los datos originales $(m \leq n)$.

Definición 3

Se denomina frecuencia absoluta de valor y_i, al número de veces que aparece repetido este valor y se representa por $n_i, i = \overline{1,m}$.

Definición 4

Se denomina frecuencia o frecuencia relativa del valor y_i, al cociente $\frac{n_i}{n}$, y la representamos por f_i ó h_i.

Definición 5

Se denomina frecuencia absoluta acumulada: correspondiente al valor y_i, al número de observaciones menores o iguales a y_i. Si denotamos esta frecuencia por N_i, entonces:

$N_i = n_1 + n_2 + \cdots + n_i$

Definición 6

Se denomina frecuencia relativa acumulada o frecuencia acumulada del valor y_i, a la frecuencia relativa total de observaciones menores o iguales a y_i. Si denotamos esta frecuencia por F_i ó H_i, entonces:

$$F_i = f_1 + f_2 + \cdots + f_i = \frac{n_1 + n_2 + \cdots + n_i}{n}$$

Propiedades

1. Las frecuencias absolutas y las frecuencias absolutas acumuladas $(n_i \ y \ N_i)$ son siempre números enteros no negativos. $n_i \geq 0 \ y \ N_i \geq 0 \ i = \overline{1,m}$.
2. La suma de todas las frecuencias absolutas coinciden con el total de datos u observaciones del conjunto original.
$$\sum_{i=1}^{m} n_i = n$$
3. Las frecuencias relativas y relativa acumulada son siempre números no negativos fraccionarios no mayores que 1. $0 < f_i \leq 1 \ y \ 0 < F_i \leq 1 \ i = \overline{1,m}$
4. La frecuencia absoluta acumulada correspondiente al valor y_m coincide con el número total de observaciones del conjunto. $N_m = n$

5. La frecuencia relativa acumulada correspondiente al valor y_m coincide con la unidad. $F_m = 1$.
6. La frecuencia absoluta acumulada correspondiente al valor y_1 es n_1. $N_1 = n_{1.}$
7. La frecuencia relativa acumulada correspondiente al valor y_1 es f_1. $F_1 = f_{1.}$
8. Las frecuencias absolutas acumuladas cumplen las siguientes desigualdades:
$n_1 = N_1 < N_2 < \cdots < N_m = n \;\; y \;\; N_i = N_{i-1} + n_i$ para $i = \overline{1, m}$
9. Las frecuencias relativas acumuladas cumplen las siguientes desigualdades:
$f_1 = F_1 < F_2 < \cdots < F_m = f \;\; y \;\; F_i = F_{i-1} + f_i$ para $i = \overline{1, m}$

1.2.2 Variable continua (datos no agrupados)

Al igual que en el caso anterior, designemos al conjunto original de datos u observaciones por $x_1, x_2, \cdots, x_n$ y "n" tamaño de la muestra. Se determina el valor mínimo y máximo de las $x_1, x_2, \cdots, x_n$, siendo estos valores $x_{mín}\, y\, x_{máx}$ $(L_1\, y\, L_2)$ que se denominan recorrido del conjunto de valores. Luego se divide el intervalo en k subintervalos, los que recibirán el nombre de intervalo de clase o clases. Estos k intervalos pueden ser de diferentes tamaños, pero se recomienda trabajar siempre que sea posible con intervalos de igual tamaño, lo cual resulta muy cómodo. Conociendo entonces que:

k: Cantidad de intervalo o clases.

c: Amplitud del intervalo.

$$c = \frac{x_{máx} - x_{mín}}{k} \quad ó \quad k = \frac{x_{máx} - x_{mín}}{c}$$

$k\; y\; c$ pueden tomar cualquier valor positivo, pero, para los ejemplos que se desarrollarán posteriormente resulta más fácil el trabajo si se consideran como números enteros. En caso de que no lo sean hay que realizar un artificio matemático, que consiste en restar una unidad a $x_{mín}$ y sumar una unidad a $x_{máx}$ hasta obtener un valor entero, o sea, ampliar el recorrido del intervalo inicial.

Aunque existen varios criterios para la construcción de los intervalos o clases trabajaremos con los intervalos abiertos a la izquierda y cerrados por la derecha, con excepción del primero que será un intervalo cerrado.

Para hallar las frecuencias de cada clase (n_i) bastará con distribuir los n datos en las k clases. Una vía sencilla es usar el método de tarjado, el cual consiste en leer los datos primarios y trazar una barra vertical en la clase donde corresponda cada dato, sumándose el número de barras al terminar de leer los datos.

Después de planteados todos los intervalos de clases, se acostumbra a hallar el centro o punto medio de cada clase, la cual recibe el nombre de marca de clase, y se utiliza para representar a los valores de cada clase en semisuma de los extremos de cada intervalo.

Definición 7

Marca de clase: punto medio del intervalo que representa a dicha clase. Se denota por y_i y se calcula:

$$y_i = \frac{x_{mín} + x_{máx}}{2}$$

Definición 8

Por amplitud de la clase o el recorrido, se debe entender la longitud del intervalo que define a la clase o al recorrido respectivamente.

1.3 Representación gráfica

La representación gráfica para cualquier tipo de datos u observaciones, parte del supuesto de que los datos han sido agrupados, o sea, la existencia de una tabla de distribución de frecuencias y depende del tipo de dato.

1.3.1 Representación gráfica para las variables discretas

1. Diagrama de frecuencia:en el eje horizontal se ponen los distintos valores de la variable (y_i) y sobre cada uno de ellos levantar un segmento vertical de longitud igual a n_i ó f_i correspondiente al valor.
2. Gráficos acumulativos de frecuencias: llevar sobre un eje horizontal los distintos valores de la variable (y_i), levantando sobre cada uno de estos valores, un segmento vertical de longitud igual a a la frecuencia acumulada correspondiente y completando con tramos horizontales hasta el valor inmediato siguiente.

1.3.2 Representación gráfica para las variables continuas

Existen dos tipos de gráficos para representar la distribución de frecuencias de datos continuos: los histogramas y los polígonos.

1. Histograma: es un gráfico donde en el eje horizontal se representan los límites de clases y levantar sobre cada intervalo un rectángulo que tenga como área exactamente la frecuencia absoluta o relativa correspondiente
2. Polígonos de frecuencias absolutas y relativas acumuladas: en el eje horizontal los extremos de las clases, levantándose sobre el extremo superior de cada clase un segmento cuya longitud coincide con la frecuencia absoluta acumulada o relativa acumulada de dicha clase, posteriormente se unen con segmentos de rectas los extremos superiores de dichos segmentos verticales.

Sección II: Estadígrafos de posición y dispersión

En la sección anterior se estudiaron las técnicas o procedimientos para la construcción de las tablas de frecuencias, tanto, para variables discretas como para variables continuas, a partir de un conjunto de valores de una variable, así como la representación gráfica de dichas tablas.

Es posible también la obtención de ciertas cantidades numéricas que permitan una mayor caracterización del conjunto, que surgen de los valores particulares de $x_1, x_2, \cdots, x_n$, en otras palabras, son funciones de estos valores. En Estadística este tipo general de función recibe el nombre de estadígrafos o estadísticos.

Existen 4 tipos de estadígrafos:

1. Posición.
2. Dispersión.
3. Apuntamiento.
4. Deformación.

Los 2 últimos no serán objeto de estudio, por lo que hay que centrar la atención en los estadígrafos de posición y dispersión.

2.1 Estadígrafos de posición

Los estadígrafos de posición a su vez se clasifican en:

1. Tendencia central: brindan información sobre el centro de la distribución. Ejemplo: la media y la mediana.
2. Localización: señalan la localización de valores extremos ó valores más frecuentes. Ejemplo: moda.

2.1.1 Estadígrafos de Tendencia Central

2.1.1.1 Media aritmética

Definición #1:

La media aritmética (promedio aritmético) de un conjunto de $x_1, x_2, \cdots, x_n$ de n valores (datos primarios) de una variable x se define como:

$$M(x) = \frac{x_1 + x_2 + \cdots + x_n}{n} = \sum_{i=1}^{n} \frac{x_i}{n}$$

Es la más importante medida de tendencia central. Es el punto de equilibrio del conjunto de valores. Representa un valor alrededor del cual oscilan los valores de la variable observada, constituyendo el centro de gravedad de la distribución.

Si los datos han sido previamente organizados en una tabla de frecuencias, el cálculo de la media se hará a través de la siguiente expresión (**método directo**):

$$M(y) = \sum_{i=1}^{m} \frac{n_i y_i}{n} = \sum_{i=1}^{m} y_i f_i$$

Esta expresión es utilizada si los datos son cuantitativos discretos. Si fueran cuantitativos continuos, entonces la media se calcula por el **Segundo Procedimiento Abreviado:**

$$M(y) = OT + c * \sum_{i=1}^{k} \frac{Z_i^{''} n_i}{n} \quad donde\ Z_i^{''} = \frac{y_i - OT}{c}$$

Donde OT es el origen de trabajo y es la marca de clase central. En caso que la cantidad de intervalos sea par, se escoge de las dos marca centrales, la de mayor n_i.

Propiedades:

1. Sea "a" una constante, si $x_i = a$ para todo $i = 1,2,3 \ldots n$, entonces la media de una constante es la propia constante. $M(x) = M(a) = a$. Ejemplo: si $x_1 = 3; x_2 = 3; x_3 = 3$, entonces $M(x) = 3$.

2. Sí "a" es una constante, entonces, la media de una constante por una variables será igual a la constante por la media de la variable.

   $M(ax) = aM(x)$. Ejemplo:

   si $x_1 = 4; x_2 = 5; x_3 = 6; a = 2,$ entonces, $M(ax) = \frac{2*4+2*5+2*6}{3} = 10$, que es lo mismo que decir:$M(x) = \frac{4+5+6}{3} = 5$, $M(ax) = 2 * 5 = 10$.

3. Sean Z_i las desviaciones entre los valores de una variable y su media, entonces, la suma de estas desviaciones será igual a cero.

   $$\sum_{i=1}^{m} Z_i = 0, donde\ Z_i = x_i - M(x)$$

   Ejemplo: si $x_1 = 4; x_2 = 5; x_3 = 9;$ $M(x) = 6$, calculando Z_i queda que $Z_1 = -2; Z_2 = -1;$ $Z_3 = 3$, por tanto,

   $$\sum_{i=1}^{3} Z_i = -2 + (-1) + 3 = 0$$

4. Si un conjunto de observaciones se particiona en K grupos de tamaño n_i donde $n = \sum n_i$, cada uno con media $M(x_1); M(x_2), \dots, M(x_k)$ respectivamente, la media del grupo será igual a:

   $$M(x) = \frac{n_1 M(x_1) + n_2 M(x_2) \dots n_k M(x_k)}{n}$$

Características

1. Es única.
2. Es afectada por valores extremos.

2.1.1.2 Mediana

Definición #2

Dado un conjunto de "n" valores $x_1; x_2, \ldots, x_n$ de la variable x, se define la mediana como aquel valor que no es superado ni supera a más de la mitad de las observaciones del conjunto. Indica la posición del centro de las observaciones. Se denota por Me.

Mediana para datos discretos

Se determina la menor de las frecuencias absolutas acumuladas (N_j) que supera a $^n/_2$ (50% de las observaciones) y si se cumple que: $N_{j-1} \leq {^n/_2} < N_j$ se tendrá que la $Me = y_j$ si $N_{j-1} < {^n/_2}$ y $Me = \frac{y_{j-1}+y_j}{2}$ si $N_{j-1} = {^n/_2}$

Mediana para datos continuos

Procedimiento para calcular la mediana

1. Se determina la menor de las frecuencias absolutas acumuladas (N_j) que supera a $^n/_2$. Pueden presentarse 2 situaciones:

a) $N_{j-1} = {^n/_2}$, entonces la $Me = L_{j-1}$(límite inferior de la clase mediana)

b) $N_{j-1} < {^n/_2}$, la $Me = L_{j-1} + c_j * \frac{^n/_2 - N_{j-1}}{N_j - N_{j-1}}$; c:amplitud del intervalo

Características

1. Siempre existe.
2. Es única.
3. No se ve afectada por valores extremos.

2.1.2 Estadígrafos de localización

2.1.2.1 Moda

Definición #3

La moda de un conjunto de "n" valores $x_1; x_2, \ldots, x_n$ de la variable x, se define como el valor más frecuente, o sea, el valor que tiene la propiedad de poseer una frecuencia mayor (absoluta o relativa).

Es el estadígrafo de posición que representa el valor más típico de una distribución. La moda puede existir o no, incluso puede haber más de una moda en un mismo conjunto y se denota por Mo.

Características de la moda

1. Puede no existir
2. Puede no ser única.
3. No se afecta por los valores extremos.

Moda para datos discretos

Si los datos están agrupados y son del tipo discreto, entonces y_i será una moda si n_j es la de mayor frecuencia.

Moda para datos continuos

La determinación exacta de la moda en una distribución de frecuencias de una variable continua, es casi imposible, ya que se ve afectada por el tamaño de la clase. Una vía de cálculo aproximada para cuando las clases son de igual tamaño es la siguiente:

Si en la distribución de frecuencias existe una frecuencia absoluta n_j tal que:

$n_{j-1} < n_j \; y \; n_j > n_{j+1}$, entonces el valor aproximado de la moda se localizará en el j- ésimo intervalo de clase. Este intervalo recibirá el nombre de intervalo o clase modal.

Si cumpliéndose la condición anterior, se cumple además que $n_{j-1} = n_{j+1}$, la moda quedará representada por el punto medio de la clase modal. Ahora si $n_{j-1} \neq n_{j+1}$, existe una vía de cálculo aproximada:

$$Mo = L_{j-1} \frac{n_j - n_{j-1}}{(n_j - n_{j-1}) + (n_j - n_{j+1})} * c$$

Donde:

L_{j-1}: Límite inferior de la clase modal.

n_j: Frecuencia absoluta.

n_{j-1}: Frecuencia absoluta anterior a la clase modal.

n_{j+1}: Frecuencia absoluta posterior a la clase modal.

c: Amplitud de la clase modal

2.2 Estadígrafos de dispersión

El cálculo de las medidas de posición, no informan nada si estas medidas no son acompañadas de otras que nos indican si existe mucha variabilidad en la información, o si por el contrario, la masa de datos se encuentra concentrada alrededor de cierto valor.

Los estadígrafos de dispersión que vamos a estudiar son:

1. Varianza.
2. Desviación típica.
3. Coeficiente de variación.

Todos ellos indican la concentración de los valores del conjunto alrededor de su valor medio o promedio.

2.2.1 Varianza

Definición #4

La varianza de un conjunto de "n" valores $x_1; x_2, \dots, x_n$ de la variable x, se define como:

$$V_{(x)} = \frac{1}{n} * \sum_{i=1}^{n} (x_i - M(x))^2$$

Es decir, es la media de las desviaciones al cuadrado de cada valor de x_i con respecto a la media del conjunto.

Existen muchas vías de cálculo para la varianza, las más utilizadas son:

1. El método directo: para los datos agrupados en una tabla de distribución de frecuencias para variables discretas.

2. El Segundo Procedimiento Abreviado para variables continuas organizados también en una tabla de distribución de frecuencias.
3. El método directo para datos primarios (no están agrupados)

Varianza para datos no agrupados

$$V_{(x)} = \frac{\sum_{i=1}^{n}[x_i - M(x)]^2}{n} = \sum_{i=1}^{n} \frac{Z_i^2}{n} \qquad Z_i = x_i - M(x)$$

Varianza para datos agrupados: variable discreta

$$V_{(y)} = \frac{1}{n}\sum_{i=1}^{n}[y_i - M(y)]^2 n_i \qquad Z_i = y_i - M(y)$$

Varianza para datos agrupados: variable continua

$$V_{(x)} = c^2\left\{\frac{\sum_{i=1}^{n} Z_i^{''2} n_i}{n} - \left(\frac{\sum_{i=1}^{n} Z_i^{''} n_i}{n}\right)^2\right\} \qquad Z_i^{''} = \frac{y_i - OT}{c}$$

El valor numérico de $V_{(x)}$ describe el grado mayor o menor de dispersión de la distribución de frecuencia que se considere.

En general cuanto más dispersas estén las observaciones mayores serán las desviaciones respecto a la media y mayor por lo tanto el valor numérico de la varianza.

Propiedades

1. La varianza de un conjunto de valores $x_1; x_2, \dots, x_n$ es siempre un número no negativo. $V_{(x)} \geq 0$
2. La varianza de una constante es cero. $V_{(k)} = 0$
3. La varianza de una constante por una variable es igual a la constante al cuadrado por la varianza de la variable.$V(kx) = k^2 V_{(x)}$

2.2.2 Desviación típica

Definición #5

La desviación típica o estándar de un conjunto de valores $x_1; x_2, \dots, x_n$ se define como la raíz cuadrada positiva de la varianza. Se denota por la letra D ó σ

$$D(y) = +\sqrt{V_{(y)}}$$

Propiedades

1. La desviación típica de un conjunto de valores $x_1; x_2, \dots, x_n$ es siempre un número no negativo. $D(x) \geq 0$
2. La desviación de una constante es cero. $D(x) = 0$
3. La desviación de una constante por una variable es igual a la desviación del conjunto original por el valor positivo (módulo) de dicha constante.

   $D(kx) = kD(x)$

Tanto la varianza como la desviación típica son medidas de dispersión absoluta, dan una idea de la distancia entre los valores y su media. A mayor desviación mayor será la dispersión de los valores y por tanto la media aritmética será menos representativa. Como medida de dispersión suele ser más interesante el coeficiente de variación que es una medida de dispersión relativa, que si está entre cero y uno se considera que la distribución es homogénea y cuanto más se acerque a cero será menos dispersa, por tanto, más homogénea y la media más representativa del conjunto.

2.2.3 Coeficiente de variación

Definición #6

El coeficiente de variación de un conjunto de valores $x_1; x_2, \dots, x_n$ se define como el cociente de la desviación típica y la media de dicho conjunto. Se denota por $Cv_{(x)}$.

$$Cv_{(x)} = \frac{D(x)}{M(x)} * 100$$

Se expresa en por ciento. Es independiente de la unidad de medida por lo que es adimensional. Sirve para comparar 2 o más series de datos diferentes. Expresa variabilidad.
Hasta aquí hemos visto los estadígrafos de posición y dispersión más utilizados en la práctica de la estadística.

Sección III: Ejemplos resueltos

Ejercicio resuelto 1

La siguiente agrupación de valores corresponde a la información recopilada acerca de los graduados del curso 86/87 en la Especialidad Economía:

Número de asignaturas revalorizadas en la carrera	**Número de estudiantes**
0	90
1	15
2	15
3	13
4	10
5	5
7	
	$\sum = 150$

Se pide:

a) Clasifique la variable en estudio.

b) Calcule las frecuencias que no se han presentado.

c) Redacte un análisis de todos los resultados obtenidos.

Respuesta

Inciso a

La variable en estudio es cuantitativa discreta porque puede tomar valores finitos en el conjunto de los números reales.

Inciso b

El número de asignaturas revalorizadas en la carrera son los distintos valores que toma la variable (y_i).

Número de estudiantes representa la frecuencia absoluta (n_i).

El total de estudiantes es 150 (n), por tanto, para hallar la frecuencia absoluta de la observación 7 (n_7) es necesario restar:

$$n_7 = n - \sum_{i=1}^{6} n_i = 150 - 148 = 2$$

Para calcular las frecuencias es necesario aplicar las propiedades de la tabla de distribución de frecuencias, explicadas anteriormente.

Para calcular las frecuencias absolutas acumuladas, hay que tener en cuenta, que el primer valor de la frecuencia absoluta acumulada (N_1) es igual al primer de la frecuencia absoluta (n_1), por tanto $n_1 = N_1 = 90$. El resto delos valores se determinan acumulando los valores anteriores, por ejemplo, $N_2 = N_1 + n_2$ y así sucesivamente.

Para el cálculo de las frecuencias relativas (f_i) se aplica la fórmula $f_i = \frac{n_i}{n}$, entonces, $f_1 = \frac{90}{150} = 0.6$; $f_2 = \frac{15}{150} = 0.1$; $f_3 = \frac{15}{150} = 0.1$; $f_4 = \frac{13}{150} = 0.086$; $f_5 = \frac{10}{150} = 0.066$; $f_6 = \frac{5}{150} = 0.033$ y $f_7 = \frac{2}{150} = 0.013$

Para determinar las frecuencias relativas acumuladas (F_i) se procede de igual manera que para el cálculo de N_i, teniendo en cuenta ahora las frecuencias relativas (f_i), aplicando las propiedades antes mencionadas.

y_i	n_i	N_i	f_i	F_i
0	**90**	**90**	**0.6**	**0.6**
1	15	105	0.1	0.7
2	15	120	0.1	0.8
3	13	133	0.09	0.89
4	10	143	0.07	0.96
5	5	148	0.03	0.99
7	2	**150**	0.01	**1**
	$\sum = 150$		$\sum = 1$	

Observe que se cumplen todas las propiedades.

Inciso c

Del total de estudiantes (150), 90 no tuvieron que revalorizar ninguna asignatura, lo que representa el 60% de los estudiantes; 15 revalorizaron 1 y 2 asignaturas respectivamente, o lo que es lo mismo un 10% del total; 13 alumnos (8%), revalorizaron 3 asignaturas; 10, revalorizaron 4 (7%); el 3% revalorizaron 5 asignaturas y 1%, todas, estos últimos representan los peores resultados durante la carrera.

Ejercicio resuelto 2

En la siguiente tabla están registradas las inasistencias de 20 compañeros seleccionados del MINAZ:

2	3	0	0	1
1	4	2	3	2
0	1	1	6	2
4	4	2	0	0

a) Clasifique la variable en discreta y continua.
b) Construya la tabla de distribución de frecuencias.
c) Diga qué por ciento representan los trabajadores de más de 2 ausencias.

Respuesta

Inciso a

La variable en estudio es cuantitativa discreta porque puede tomar valores finitos en el conjunto de los números reales.

Inciso b

Para construir la tabla de distribución de frecuencias, primero, se determinan los distintos valores de la variable (y_i), luego, la cantidad de veces que se repite cada valor (n_i), de forma tal que $\sum n_i = 20$ (muestra seleccionada). El primer valor de la frecuencia absoluta acumulada(N_1) debe coincidir con el primer valor de la frecuencia absoluta(n_1) y luego ir acumulando los valores: $N_2 = N_1 + n_2 = 5 + 4 = 9$; $N_3 = N_2 + n_3$ y así sucesivamente. Hay que tener en cuenta que el último valor de la frecuencia absoluta acumulada (N_6) es igual al total de observaciones (20).

Los valores de la frecuencia relativa (f_i) se determinan por la fórmula $f_i = \frac{n_i}{n}$, entonces:

$$f_1=\frac{5}{20}=0.25;\ f_2=\frac{4}{20}=0.1;\ f_3=\frac{5}{20}=0.25;\ f_4=\frac{2}{20}=0.1;\ f_5=\frac{3}{20}=0.15;$$

$f_6=\frac{1}{20}=0.05$. La frecuencia relativa acumulada de la primera observación es igual a la frecuencia relativa de la misma observación, o sea, $f_1=F_1$, luego se aplica el mismo procedimiento que se usó para para el cálculo de N_i.

Tener en cuenta que todas las propiedades deben cumplirse, de esta manera, se verifica que todo esté correctamente.

y_i	n_i	N_i	f_i	F_i
0	5	5	0.25	0.25
1	4	9	0.2	0.45
2	5	14	0.25	0.7
3	2	16	0.1	0.8
4	3	19	0.15	0.95
6	1	**20**	0.05	**1**
Totales	**20**		**1**	

Inciso c

El por ciento de trabajadores con más de 2 ausencias, es lo mismo que decir, los trabajadores que tengan 3; 4 ó 6 ausencias. Las frecuencias relativas que le corresponden a estos valores son: $0.1; 0.15\ y\ 0.05$, se suman $0.1+0.15+0.05=0.30$ y el resultado se multiplica por 100 para obtener el por ciento. La respuesta sería 30%.

Ejercicio resuelto 3

La siguiente información está referida a las edades de 40 trabajadores de la Antillana de Acero:

38	64	50	32	44	25	49	57
46	58	40	47	36	48	52	44
68	26	38	76	63	19	54	65
46	73	42	47	35	53	40	35
61	45	35	42	50	56	45	28

Se pide:

a) Clasificar la variable.
b) Determinar el recorrido de la variable.
c) Si el número de clases es 10, ¿cuál es el tamaño o amplitud del intervalo?
d) Construir la distribución de frecuencias con 10 clases.
e) ¿Cuántos trabajadores tienen a lo sumo 59 años?
f) La edad máxima del 60% de los trabajadores más jóvenes.

Respuesta

Inciso a

La variable edad es una variable cuantitativa continua ya que puede tomar cualquier valor dentro del conjunto de los números reales, o sea, dentro de un intervalo.

Inciso b

El recorrido de la variable se identifica con la letra R y se calcula mediante la expresión $R = X_{máx} - X_{mín}$. Se determina el mayor y menor valor de las observaciones, los cuales son 76 y 19, se sustituyen estos valores en la expresión y se calcula el recorrido, quedando:

$$R = X_{máx} - X_{mín} = 76 - 19 = 57$$

Inciso c

El número de clases o intervalos se identifica con la letra k y la amplitud del intervalo por c y se determina:

$$c = \frac{X_{máx} - X_{mín}}{k}$$

Si $k = 10$, sustituyo en la fórmula $c = \frac{76-19}{10} = 5.7$.

Se recomienda trabajar con amplitudes que den un número exacto, para esto se hace uso de un artificio matemático, o sea, se amplía el recorrido de la variable, restándole una unidad al límite inferior del intervalo o sumándole 1 al límite superior. La diferencia entre lo que se suma y se resta no debe sobrepasar las 3 unidades. Quedando de esta manera:

$X_{mín} = 19 - 1 = 18$; $X_{máx} = 76 + 1 = 77$, con estos valores la amplitud del intervalo sigue dando un número decimal. Se sigue ampliando el intervalo: $X_{mín} = 19 - 1 = 18 - 1 = 17$ y $c = \frac{77-17}{10} = 6$.

Inciso d

Conociendo ya la amplitud y la cantidad de clases, se procede entonces a determinar los intervalos. Para esto se trabaja con el recorrido ampliado: $X_{mín} = 17\ y\ X_{máx} = 77$.

Al menor valor de la variable, 17, se le suma la amplitud ($c = 6$) y se obtiene de esta manera el primer intervalo: $17 - 23$, para el segundo se procede de forma análoga, al límite inferior, 23, se le suma la amplitud y se obtiene el límite superior de la segunda clase y así hasta completar los 10 intervalos.

La tabla se distribución de frecuencias se presenta a continuación:

Clases	Tarjado	n_i	f_i	N_i	F_i
[17-23]	I	1	0.025	1	0.025
(23-29]	III	3	0.075	4	0.1
(29-35]	IIIII	5	0.125	9	0.225
(35-41]	IIIII	5	0.125	14	0.35
(41-47]	IIIII IIIII	10	0.25	24	0.60
(47-53]	IIIII	5	0.125	29	0.725
(53-59]	IIII	4	0.1	33	0.825
(59-65]	IIII	4	0.1	37	0.925
(65-71]	I	1	0.025	38	0.95
(71-77]	II	2	0.05	**40**	**1**
Totales		**40**	**1**		

Existe diversidad de criterios para determinar si el límite superior del intervalo se incluye o no en el mismo. De aquí en adelante, se trabajará de la siguiente forma: los intervalos serán abiertos a la izquierda (el límite inferior no pertenece al intervalo) y cerrados a la derecha (el límite superior se incluye en el intervalo), excluyendo la primera clase, que será cerrada por ambos extremos.

Para determinar la frecuencia absoluta se recomienda usar el método de tarjado, el cual consiste en contar la cantidad de observaciones que se tienen en cada intervalo e ir haciendo una rayita en el intervalo donde pertenecen.

Inciso e

Para determinar la cantidad de trabajadores que tienen 59 años o menos se busca en la tabla de distribución de frecuencias el intervalo que contiene como límite superior el 59 (séptimo), luego, se busca en la columna de frecuencia acumulada (N_i) el valor que le corresponde a ese intervalo y ese número representa la cantidad de trabajadores (33) con 59 años o menos.

Inciso f

El total de trabajadores es 40, el 60% representa 24 trabajadores. Se busca en la columna de frecuencia absoluta acumulada (N_i), el valor 24, que le corresponde el intervalo (41- 47], por lo tanto, la edad máxima del 60% de los trabajadores más jóvenes es 47 años.

Ejercicio resuelto 4

La INPUD cuenta entre sus trabajadores con 60 obreros vinculados (datos ficticios), los cuales tienen determinada probabilidad de estar incluidos en las siguientes escalas salariales semanales:

Salarios	f_i
[50-60]	0.133
(60-70]	0.167
(70-80]	0.267
(80-90]	0.133
(90-100]	0.267
(100-110]	0.033
Totales	**1**

a) Tabule las frecuencias observadas para los salarios de este grupo de obreros.
b) Diga cuál es el límite siperior de la tercera clase.

c) ¿Cuál es el tamaño del intervalo de clases?

d) ¿Cuál es la frecuencia absoluta de la cuarta clase?

e) Presente las frecuencias absolutas y relativas acumuladas en la distribución.

f) ¿Cuántos obreros tienen un salario de a lo sumo $90.00 semanales y qué por ciento representan?

Respuesta

Inciso a

Como se puede observar, en este ejercicio, en vez de dar como datos las frecuencias absolutas (n_i), dan las frecuencias relativas (f_i). La misma se calcula $f_i = \frac{n_i}{n}$. De esta fórmula se despeja n_i y se calcula, quedando: $n_i = f_i * n$. Calculando todos los valores quedaría:

$n_1 = f_1 * n = 0.133 * 60 = 7.98 \approx 8$

$n_2 = f_2 * n = 0.167 * 60 = 10.02 \approx 10$

$n_3 = f_3 * n = 0.267 * 60 = 16.02 \approx 16$

$n_4 = f_4 * n = 0.133 * 60 = 7.98 \approx 8$

$n_5 = f_5 * n = 0.267 * 60 = 716.02 \approx 16$

$n_6 = f_6 * n = 0.033 * 60 = 1.98 \approx 2$

A continuación se presentan todas las frecuencias absolutas tabuladas:

Salarios	f_i	n_i
[50-60]	0.133	8
(60-70]	0.167	10
(70-80]	0.267	16
(80-90]	0.133	8
(90-100]	0.267	16
(100-110]	0.033	2
Totales	**1**	**60**

Inciso b

La tercera clase o intervalo es (70-80], el límite inferior es 70.

Inciso c

La amplitud del intervalo de calcula de la siguiente manera:

$c = lím_{sup} - lím_{inf} = 60 - 50 = 10.$ Como todos los intervalos tienen igual amplitud se puede escoger cualquiera de ellos para determinarla.

Inciso d

La cuarta clase es (80-90], la frecuencia absoluta que le corresponde es $n_4 = 8.$

Inciso e

Salarios	f_i	n_i	N_i	F_i
[50-60]	0.133	8	8	0.133
(60-70]	0.167	10	18	0.3
(70-80]	0.267	16	34	0.567
(80-90]	0.133	8	42	0.7
(90-100]	0.267	16	58	0.967
(100-110]	0.033	2	**60**	**1**
Totales	**1**	**60**		

Inciso f

La cantidad de trabajadores con salarios de a lo sumo $90.00 semanales, equivale a decir, obreros con salarios iguales o menores a esa cantidad, por tanto, son todos aquellos que se encuentran desde la primera hasta la cuarta clase. Si observamos la columna de frecuencia absoluta acumulada, el valor que le corresponde es 42 y en la columna de frecuencia relativa acumulada es 0.7. Resumiendo, la cantidad de trabajadores con un salario de a lo sumo $90.00, es 42 y representan un 70% $(0.7 * 100)$.

Ejercicio resuelto 5

Se conoce que:

$$c = 18, n = 100, R = 108, n_2 = 23, L_1 = 15, F_1 = 0.01, F_3 = 0.46, F_4 = 0.82 \ y \ N_5 = 92$$

a) ¿Cómo clasificaría la variable?

b) Construya la distribución de frecuencias.

Respuesta

Inciso a

Con los datos que se ofrecen en el ejercicio se puede decir que la variable se clasifica en cuantitativa continua, ya que se conoce la amplitud de los intervalos.

Inciso b

Para construir la tabla de distribución de frecuencias hay que determinar primero el valor máximo de la variable. Si se conoce que el recorrido de la variable es 108 ($R = 108$) y $R = X_{máx} - X_{mín}$, se puede despejar $X_{máx} = R + X_{mín} = 108 + 15.5 = 123.5$. Ya se está en condiciones de determinar la cantidad de clases a construir: $k = \frac{x_{máx} - x_{mín}}{c} = \frac{123.5 - 15.5}{18} = 6$.

Para poder calcular las frecuencias faltantes, es necesario aplicar las propiedades.

Se tiene $\mathrm{F}_1 = 0.01$, aplicando la propiedad $F_1 = f_1$, entonces $\mathrm{f}_1 = 0.01$ y como $f_i = \frac{n_i}{n}$, despejando, $n_1 = f_1 * n = 0.01 * 100 = 1$ y por propiedad $N_1 = n_1 = 1$. Calculando $N_2 = N_1 + n_2 = 1 + 23 = 24$, entonces, se puede calcular $f_2 = \frac{n_2}{n} = \frac{23}{100} = 0.23$ y

$F_2 = F_1 + f_2 = 0.01 + 0.23 = 0.24$. En el tercer intervalo, se tiene como dato $F_3 = 0.46$, por tanto, se puede decir que $f_3 = F_3 - F_2 = 0.46 - 0.24 = 0.22$. Con este resultado se calcula $n_3 = f_3 * n = 0.22 * 100 = 22$ y $N_3 = N_2 + n_3 = 24 + 22 = 46$.

El mismo procedimiento se aplica para trabajar en el cuarto intervalo $F_4 = 0.82$, por tanto, $f_4 = 0.82 - 0.46 = 0.36$, $n_4 = 0.36 * 100 = 36$ y $N_4 = 46 + 36 = 82$.

En el quinto intervalo, se tiene que, $N_5 = 92$, entonces, $n_5 = 10$, $f_5 = \frac{10}{100} = 0.1$ y $F_5 = 0.92$.

En el último intervalo, los resultados se obtienen de una manera más fácil, conociendo y aplicando las propiedades. El último valor de la frecuencia absoluta acumulada, en este caso, N_6, tiene que ser igual al total de observaciones $(n = 100)$, por ende, $n_6 = 8, f_6 = \frac{8}{100} = 0.08$ y $F_6 = 1$ (por propiedad).

Clases	n_i	N_i	f_i	F_i
[15.5-33.5]	1	1	0.01	0.01
(33.5-51.5]	23	24	0.23	0.24
(51.5-69.5]	22	46	0.22	0.46
(69.5-87.5]	36	82	0.36	0.82
(87.5-105.5]	10	92	0.1	0.92
(105.5-123.5]	8	100	0.08	1
Totales	100		1	

Nota: las casillas que resaltan son los datos del ejercicio.

Ejercicio resuelto 6

Se conoce que: $k = 7, c = 10$, límite superior de la última clase es 120 y

$$n_{i=1,2,3,\ldots,n} = 8{,}10{,}16{,}14{,}10{,}5{,}2.$$

Construya la distribución de frecuencias.

Respuesta

Como dato se tiene que $k = 7$, $c = 10$ y $X_{máx} = 120$. Si se conoce que $c = \frac{x_{máx} - x_{mín}}{k}$, se puede obtener el valor mínimo de la variable despejando de la fórmula anterior,

$$X_{mín} = X_{máx} - ck = 120 - 10 * 7 = 50$$

Ya con esto se pueden formar los 7 intervalos con igual amplitud cada uno.

Clases	n_i	N_i	f_i	F_i
[50-60]	8	8	0.123	0.123
(60-70]	10	18	0.153	0.276
(70-80]	16	34	0.246	0.522
(80-90]	14	48	0.215	0.737
(90-100]	10	58	0.153	0.89
(100-110]	5	63	0.076	0.966
(110-120]	2	65	0.030	1
Totales	65		1	

Ejercicio resuelto 7

Diga si los siguientes planteamientos son verdaderos o falsos (cada uno es independiente). Justifique.

a) ¿Siempre se cumplirá que $f_4 < f_5$ y $F_4 < F_5$?

b) En una distribución de 6 clases tenemos que:

$n = 200, F_1 = 0.15, f_4 = 0.2, f_5 = 0.14, N_3 = 112, n_2 = 46$

Diga cuál es el valor de variable que más se repite.

c) Si sabemos que $n_2 = 6, f_4 = 0.6, F_6 = 0.95, n_4 = 18$. Halle el valor de n.

Respuesta

Inciso a

Falso. No siempre se cumple que $f_4 < f_5$, ya que depende del valor que tomen las frecuencias absolutas correspondientes.

Verdadero. Siempre se cumple que $F_4 < F_5$, porque como su nombre lo indica es una acumulación de valores, por lo que cada valor es mayor que el anterior.

Inciso b

Con los datos que se disponen hay que construir la tabla de distribución de frecuencias y los espacios en blancos determinarlos a partir de las propiedades.

A continuación la tabla de distribución de frecuencias, sólo con los datos que brinda el ejercicio.

Clases	n_i	N_i	f_i	F_i
1				0.15
2	46			
3		112		
4			0.2	
5			0.14	
6				
Totales	**200**		**1**	

En la primera clase se tiene que $F_1 = 0.15$, por tanto, $f_1 = 0.15$, $n_1 = f_1 * n = 0.15 * 200 = 30$ y por consiguiente $N_1 = 30$.

En el segundo intervalo, $n_2 = 46$, acumulando valores, $N_2 = 76$, $f_2 = \frac{46}{200} = 0.23$ y $F_2 = 0.38$.

En la tercera clase $N_3 = 112$, por tanto, $n_3 = 112 - 76 = 36$, $f_3 = \frac{36}{200} = 0.18$ y $F_3 = 0.56$.

En el cuarto intervalo, $f_4 = 0.2$, se despeja a $n_4 = 0.2 * 200 = 40$, $N_4 = 152$ y $F_4 = 0.76$.

El mismo análisis se realiza para el quinto intervalo, $f_5 = 0.14$, $n_5 = 0.14 * 200 = 28$, $N_5 = 180$ y $F_5 = 0.90$.

En la última clase, $N_6 = n = 200, n_6 = 20$ (restando $200 - 180$), $f_6 = \frac{20}{200} = 0.1$ y $F_6 = 1$.

Con todas las frecuencias calculadas, se puede, entonces, completar la tabla de distribución de frecuencias, como se muestra a continuación:

Clases	n_i	N_i	f_i	F_i
1	30	30	0.15	0.15
2	46	76	0.23	0.38
3	36	112	0.18	0.56
4	40	152	0.2	0.76
5	28	180	0.14	0.90
6	20	**200**	0.10	**1**
Totales	**200**		**1**	

El valor que más se repite está en el segundo intervalo, el de mayor frecuencia absoluta.

Inciso c

Si se sabe que $f_i = \frac{n_i}{n}$, se despaja a $n = \frac{n_i}{f_i}$ y como en este caso se conoce $f_4 = 0.6 \; y \; n_4 = 18$, entonces, $n = \frac{n_4}{f_4} = \frac{18}{0.6} = 30$.

Ejercicio resuelto 8

Dado el siguiente histograma:

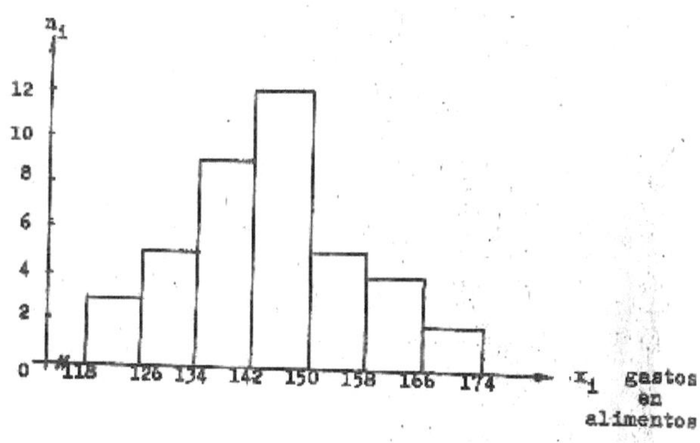

a) Construya la tabla de distribucuón de frecuencias.
b) Diga qué intervalo presenta una mayor frecuencia.
c) Construya el gráfico de frecuencias absolutas acumuladas.

Respuesta

Inciso a

En el histograma presentado anteriormente, en el eje horizontal, están tabulados los intervalos y en el eje vertical las frecuencias absolutas, a partir de ahí se puede construir la tabla de distribución de frecuencia como sigue:

Clases	n_i	N_i	f_i	F_i
[118-126]	3	3	0.075	0.075
(126-134]	5	8	0.125	0.2
(134-142]	9	17	0.225	0.425
(142-150]	12	29	0.30	0.725
(150-158]	5	34	0.125	0.85
(158-166]	4	38	0.10	0.95
(166-174]	2	40	0.05	1
Totales	40		1	

Inciso b

El intervalo que presenta mayor frecuencia es el 4to intervalo, (142-150], con una frecuencia absoluta de 12.

Ejercicio resuelto 9

En una fábrica se pagan los siguientes salarios:

Salarios ($)	Número de trabajadores que lo reciben
120	5
130	3
140	10
150	9
160	8
170	5
180	4

La administración de la fábrica quiere conocer:

a) ¿Cuál es el salario medio?

b) ¿Qué grupo de trabajadores es el que pesa más en la formación del salario medio y cuál es el menos peso?

c) ¿A qué grupo de trabajadores corresponde el punto medio de la escala salarial que tiene la fábrica?

d) ¿Cuál es el monto de salarios recibidos más frecuentemente?

e) Se conoce además que de los trabajadores que perciben (reciben) 180 pesos, uno de ellos va a ser trasladado a otra fábrica, el cual va a ser sustituido por un compañero que goza de un salario histórico de 350 pesos. Se pregunta ¿qué hecho modifica las respuestas de los 4 incisos anteriores? ¿Cuáles de ellos? Recalcúlelos.

Respuesta

Inciso a

Para calcular el salario medio se puede emplear la fórmula:

$$M_{(y)} = \frac{\sum_{i=1}^{7} y_i n_i}{n} = \frac{120 * 5 + 130 * 3 + \cdots + 180 * 4}{44}$$

$$= \frac{600 + 390 + \cdots + 720}{44}$$

$M_{(y)} = 149.77$

Inciso b

Para determinar el grupo de trabajadores que tiene mayor y menor peso en la formación del salario medio, hay que tener en cuenta la mayor frecuencia absoluta (n_i), que se corresponde con n_3, por tanto, es el tercer grupo ($140.00), el que más pesa sobre la formación del salario medio y el que menos pesa, el de menor n_i, segundo grupo, $130.00.

Inciso c

El punto medio de la escala salarial, no es más que la mediana, por tanto, como tenemos 7 valores distintos de la variable, el punto medio le corresponde a los trabajadores del cuarto grupo, los que reciben $150.00 como promedio.

Inciso d

El monto de salarios recibidos más frecuentemente es $140.00, la moda de la distribución, el valor que más se repite.

Inciso e

Si un trabajador que percibe $180.00 de salario es trasladado, entonces, la n_i correspondiente, $n_7 = 3$. Al sustituirlo por uno que percibe $350.00, entonces, aparece un nuevo valor en la distribución con $n_8 = 1$.

Con los cambios ocurridos la distribución de frecuencias queda:

Salarios ($)	Número de trabajadores que lo reciben		
120	5	600	
130	3	390	
140	10	1400	
150	9	1350	
160	8	1280	
170	5	850	
180	3	540	
350	1	350	
		6760	153.636364

La media de la nueva distribución cambia de valor (una de las características de la media es que se ve afectada por valores extremos). Se calcula nuevamente el salario medio, por la fórmula anteriormente expuesta, quedando el nuevo valor de $153,64 aproximadamente. Se modifica, también, el salario de menor peso, en este caso, $350.00.

Ejercicio resuelto 10

Sean los valores de una variable discreta x:

Variables posibles	0	4	8	8000
Frecuencia relativa	$1/4$	$1/4$	$1/4$	$1/4$

a) Calcule la media.
b) Calcule la mediana.
c) Calcule la moda.

Respuesta

Inciso a

Para calcular la media de la variable x, se utiliza la expresión:

$$M_{(y)} = \sum_{i=1}^{4} y_i f_i = 0 * \frac{1}{4} + 4 * \frac{1}{4} + 8 * \frac{1}{4} + 8000 * \frac{1}{4} = 2003$$

Inciso b

Como el número de observaciones es par (4), se toman los 2 valores centrales y se determina la semisuma, de esta forma, se calcula la mediana.

$$M_e = \frac{8+4}{2} = 6$$

Inciso c

Para determinar la moda, es necesario calcular las frecuencias absolutas, se conoce que $f_i = \frac{n_i}{n}$, se despeja, $n_i = f_i * n$, entonces, como f_i, toma el mismo valor, para todos los valores de la variable y n, el total de observaciones, n_i, también, toma un único valor, por lo que se puede decir, que esta distribución, no tiene moda, se pone de manifiesto, una de las características de la moda, puede no existir.

Ejercicio resuelto 11

El promedio cosechado en 30 hectáreas fue de 52 t/Ha. En 6 de las cuales se logró un rendimiento medio de 80 t/ha y en 10 de ellas solo 31 t/ha. Se desea saber el rendimiento de las restantes hectáreas.

Respuesta

Este ejercicio puede ser resuelto aplicando una de las propiedades de la media (la 4ta), explicada anteriormente, la cual plantea que:

$$M(x) = \frac{n_1 M(x_1) + n_2 M(x_2) \ldots n_k M(x_k)}{n}$$

Por datos tenemos que:

$n = 30, M(y) = 52t/ha$

$x_1 = 6, M(n_1) = 80$

$x_2 = 10, M(n_2) = 31$

El total de hectáreas es 30, $x_1 = 6, x_2 = 10,\ x_1 + x = 6 + 10 = 16,$ por tanto, quedaría por determinar, el promedio de las restantes hectáreas (14).

$$52 = \frac{6 * 80 + 10 * 31 + 14 * M(x_3)}{30}$$

$$1560 = 480 + 310 + 14M(x_3)$$

$$770 = 14M(x_3)$$

$$M(x_3) = 55$$

Ejercicio resuelto 12

La distribución de frecuencias acumuladas representa el valor de la producción mensual (en cientos de miles de pesos) de la empresa del sector A.

INTERVALOS	FRECUENCIA ACUMULADA (MESES)
[20-30]	2
(30-40]	8
(40-50]	19
(50-60]	28
(60-70]	35
(70-80]	40

a) Clasifique la variable en estudio. Justifique.
b) Construya la tabla de distribución de frecuencias.
c) Calcule la media aritmética y diga que expresa, en referencia al enunciado.
d) ¿Qué por ciento de las empresas tuvo una producción superior a 6 millones de pesos?
e) Si se calculara el valor medio de la distribución ¿podrá ser 45? Argumenta tu respuesta.
f) ¿Qué por ciento del valor de la producción anual se incluyó en la clase posterior a la clase modal?

g) Calcule la desviación típica y diga que expresa.

h) Obtenga el coeficiente de variación y compárelo con el del sector B que fue de un 30%

Respuesta

Inciso a

La variable en estudio es cuantitativa continua, porque puede tomar cualquier valor en un intervalo de los números reales.

Inciso b

Para construir la tabla de distribución de frecuencias hay que tener en cuenta las frecuencias estudiadas anteriormente: frecuencia absoluta, frecuencia relativa y frecuencia relativa acumulada. ¿Cómo calcular cada una de ellas?

Si se tiene como dato la frecuencia absoluta acumulada y se sabe que esta se calcula acumulando los valores de la frecuencia absoluta, entonces aplicando las propiedades de la frecuencia y las operaciones de cálculos contrarias se puede determinar n_i. Veamos: El primer valor de la frecuencia absoluta coincide con el primer valor de la absoluta acumulada, en otras palabras, $n_1 = N_1$, entonces, $n_1 = 2$, y, mediante el proceso inverso se obtienen los valores restantes.

La frecuencia relativa se calcula mediante la fórmula $f_i = \frac{n_i}{n}$. Conociendo entonces, todos los valores de n_i, podemos obtener los valores de f_i.

Por último, la frecuencia relativa acumulada se obtiene acumulando los valores de la frecuencia relativa, teniendo en cuenta que, $f_1 = F_1$.

Después de calculadas todas las frecuencias, no olvidar que se cumplan todas las propiedades.

La tabla de distribución de frecuencias quedaría como se muestra a continuación:

INTERVALOS	FRECUENCIA ACUMULADA (MESES)	Frecuencia absoluta	Frecuencia relativa	F. Relativa Acumulada
[20-30]	2	2	0.05	0.05
(30-40]	8	6	0.15	0.2
(40-50]	19	11	0.275	0.475
(50-60]	28	9	0.225	0.7
(60-70]	35	7	0.175	0.875
(70-80]	40	5	0.125	1
		∑=40	∑=1	

Inciso c

Para calcular la media aritmética se utiliza la fórmula para datos cuantitativos continuos:

$$M(y) = OT + c * \sum_{i=1}^{k} \frac{Z_i^{"} n_i}{n}$$

Para poder desarrollar la fórmula, lo primera que hay que calcular es la marca de clase central, la misma se obtiene mediante la expresión:

$$y_i = \frac{x_{mín} + x_{máx}}{2}$$

Una vez calculadas todas las marcas de clases, se procede a determinar el origen de trabajo. El mismo será la marca de clase central. Como se tiene 6 intervalos o clases (par) se toman los 2 centrales, o sea, el tercer y cuarto intervalo, el origen de trabajo es al que le corresponda la mayor frecuencia absoluta, en este caso la mayor es $n_3 = 11$, por tanto, $OT = 45$.

Después de determinado el origen de trabajo se calculan todas las $Z_i^{"}$.

$$Z_i^{"} = \frac{y_i - OT}{c}$$

Por ejemplo:

$$Z_1^{"} = \frac{y_1 - OT}{c} = \frac{25 - 45}{10} = -2$$

De forma análoga se calculan el resto de las $Z_i^{''}$.

Para que el cálculo de la media resulte más sencillo se aconseja representar los cálculos auxiliares en la misma tabla de distribución de frecuencias, como se muestra:

INTERVALOS	FRECUENCIA ACUMULADA (MESES)	Frecuencia absoluta	Frecuencia relativa	F. Relativa Acumulada	Marca de clase	$Z_i^{''}$	$Z_i^{''} \cdot n_i$
[20-30]	2	2	0.05	0.05	25	-2	-4
(30-40]	8	6	0.15	0.2	35	-1	-6
(40-50]	19	11	0.275	0.475	45	0	0
(50-60]	28	9	0.225	0.7	55	1	9
(60-70]	35	7	0.175	0.875	65	2	14
(70-80]	40	5	0.125	1	75	3	15
		∑= 40	∑= 1				∑= 28/40=0.7

Se está en condiciones, entonces, de calcular la media.

$$M(y) = OT + c * \sum_{i=1}^{k} \frac{Z_i^{''} n_i}{n} = 45 + 10 * 0.7 = 52$$

La producción promedio mensual de la empresa es de $5 200 000.00.

Inciso d

Para saber el por ciento de empresas que tienen una producción superior a los 6 millones de pesos, es necesario remitirse a la columna de frecuencia relativa, allí se escogen los valores que le corresponden a los 2 últimos intervalos, que cumplen con la condición, se suman ambos y se multiplican por 100, $(0.175 + 0.125) * 100 = 30\%$. Otra vía sería sumar la cantidad de empresas (12) y luego hallar el por ciento, $\frac{12}{40} * 100 = 30\%$.

Inciso e

El valor mediano no es más que la mediana de la distribución. Para esto se sigue el procedimiento explicado anteriormente.

Se calcula ${}^{n}/_{2} = {}^{40}/_{2} = 20$. Se determina la menor frecuencia absoluta acumulada que supera a ${}^{n}/_{2}$, $N_4 = 28$ y como $N_{j-1}(N_3) < {}^{n}/_{2}$; $19 < 20$, la mediana es igual a:

$$Me = L_{j-1} + c_j * \frac{{}^{n}/_{2} - N_{j-1}}{N_j - N_{j-1}} = 40 + 10 * \frac{20 - 19}{28 - 19} = 41.11$$

L_{j-1}: es el límite inferior del intervalo que le corresponde a N_{j-1}, en este caso, N_3.

Por tanto, la mediana de la distribución no es 45, sino 41.11.

Inciso f

Lo primero que hay que tener en cuenta para comprender este inciso, es interpretar los datos que se tienen. Por ejemplo, 2 empresas tienen una producción mensual entre 20 – 30 (cientos de miles de pesos) y así sucesivamente con el resto. O sea, la frecuencia absoluta representa la cantidad de empresas que tienen una producción mensual en el rango comprendido. Teniendo clara esta cuestión, entonces, se puede determinar el por ciento del valor de la producción mensual que se incluyó en la clase posterior a la clase modal.

La producción mensual se puede calcular mediante la sumatoria de la multiplicación del valor central de cada intervalo, marca de clase, por la cantidad de empresas de dicho intervalo $(\sum y_i * n_i)$.

INTERVALOS	Frecuencia absoluta	Marca de clase	yi.ni
[20-30]	2	25	50
(30-40]	6	35	210
(40-50]	11	45	495
(50-60]	9	55	495
(60-70]	7	65	455
(70-80]	5	75	375
Total			2080

La producción mensual es de $ 208 000 000.00.

La clase modal es la de mayor frecuencia absoluta, $n_3 = 11$, $(40 - 50]$. La clase posterior a la clase modal es la 4ta y le corresponde una producción de $49 500 000.00, lo que representa un 23.8% de la producción mensual $\left(49\,500\,000 / 208\,000\,000 * 100 = 23.8\%\right)$.

Recordar que todos los datos están expresados en cientos de miles de pesos.

Inciso g

Para calcular la desviación típica es necesario, primero, calcular la varianza, mediante la fórmula:

$$V_{(x)} = c^2 \left\{ \frac{\sum_{i=1}^{n} Z_i^{''2} n_i}{n} - \left(\frac{\sum_{i=1}^{n} Z_i^{''} n_i}{n} \right)^2 \right\}$$

La amplitud del intervalo es 10, las $Z_i^{''}$ fueron calculadas en el inciso c. Sólo queda realizar los cálculos auxiliares que faltan.

$Z_i^{''}$	$Z_i^{''} \cdot n_i$	$Z_i^{''2}$	$Z_i^{''2} \cdot n_i$
-2	-4	4	8
-1	-6	1	6
0	0	0	0
1	9	1	9
2	14	4	28
3	15	9	45
	∑= 28/40=0.7		**96**

$$V = 10^2 \left(\frac{96}{40} - 0.7^2 \right) = 100\,(2.4 - 0.49) = 191$$

$$D(y) = +\sqrt{V_{(y)}} = \sqrt{191} = 13.82$$

La desviación típica expresa el grado de dispersión de los datos con respecto a su punto medio.

Inciso h

El coeficiente de variación se calcula mediante la expresión:

$$Cv_{(x)} = \frac{D(x)}{M(x)} * 100$$

En los incisos anteriores se calculó la media y la desviación, por tanto:

$$Cv = \frac{13.82}{52} * 100 = 26.57\%$$

$CvA = 26.57\%; CvB = 30\%; CvA < CvB,$ la producción es más variable en las empresas del sector B, pues su coeficiente de variación es mayor.

Ejercicio resuelto 13

En una vaquería la producción promedio de leche durante los meses de noviembre y diciembre del pasado año fue de 120 y 160 litros respectivamente. Si en los dos meses el coeficiente de variación resulto ser igual a 2,5%. Diga en cuál de los dos meses la producción de leche tuvo mayor dispersión absoluta.

Respuesta

Si se denota por $\bar{x}$ y C_{V1}la producción promedio y el coeficiente de variación del mes de noviembre y $\bar{y}$ y C_{V2}la producción promedio y coeficiente de variación de diciembre, entonces,

Datos:

$\bar{x} = 120;\ C_{V1} = 2.5\%$

$\bar{y} = 160;\ C_{V2} = 2.5\%$

Para calcular en cuál mes hubo una mayor dispersión absoluta es necesario determinar la varianza para cada uno de los meses. Para ello, despejamos la desviación típica de la variable de la fórmula del coeficiente de variación:

$$Cv_{(1)} = \frac{D(x)}{M(x)} * 100 = 2.5\%$$

Quedaría de la siguiente manera:

$$D(x) = Cv_{(x)} * M(x) = 0.025 * 120 = 3$$

Y como la varianza es el cuadrado de la desviación, entonces¨

$$V(x) = {D_{(x)}}^2 = 3^2 = 9$$

El mismo procedimiento se aplica para el mes de diciembre.

$$Cv_{(2)} = \frac{D(y)}{M(y)} * 100 = 2.5\%$$

Quedaría de la siguiente manera:

$$D(y) = Cv_{(2)} * M(y) = 0.025 * 160 = 4$$

Y como la varianza es el cuadrado de la desviación, entonces¨

$$V(y) = {D_{(y)}}^2 = 4^2 = 16$$

Se puede concluir que en el mes de diciembre hubo una mayor dispersión absoluta, por ser el de mayor varianza.

Ejercicio resuelto 14

Durante 100 días se ha observado que al Puerto de Cienfuegos han entrado el siguiente número de barcos:

barcos que entran (x):	0	1	2	3	4	5
días:	33	25	20	15	5	2

a) ¿Cómo usted clasifica la variable?
b) Construya la distribución de frecuencias.
c) ¿Cuál es el promedio de llegada de barcos al puerto?
d) ¿Con qué variabilidad se observa la llegada de barcos al puerto?

Respuesta

Inciso a

La variable en estudio (número de barcos) es una variable cuantitativa discreta.

Inciso b

Para construir la distribución de frecuencias, hay que identificar los datos que da el ejercicio, o sea, número de barcos, es la variable en estudio y los días se identifican con la frecuencia absoluta, queda entonces calcular, el resto de las frecuencias. Las mismas, se muestran a continuación:

No de barcos	n_i	N_i	f_i	F_i
0	33	33	0.33	0.33
1	25	58	0.25	0.58
2	20	78	0.2	0.78
3	15	93	0.15	0.93
4	5	98	0.05	0.98
5	2	100	0.02	1
Totales	100		1	

Las fórmulas utilizadas para calcular las frecuencias, se encuentran explicadas en la sección 1.

Inciso c

Como la variable objeto de estudio es cuantitativa discreta, para calcular la media, se utiliza el método directo:

$$M(y) = \sum_{i=1}^{m} \frac{n_i y_i}{n} = \sum_{i=1}^{m} y_i f_i$$

Sustituyendo los valores:

$$M(y) = \frac{0*33+1*25+2*20+3*15+4*5+5*2}{100}$$

$$M(y) = \frac{0+25+40+45+20+10}{100} = \frac{140}{100} = 1.4 \approx 1$$

Como promedio llegan aproximadamente 1 barco diario.

Recordar que la cantidad de barcos, es los distintos valores que toma la variable, y_i.

Inciso d

Para calcular la variabilidad de barcos, también se utiliza el método directo para datos agrupados:

$$V_{(y)} = \frac{1}{n}\sum_{i=1}^{n}[y_i - M(y)]^2 n_i \qquad Z_i = y_i - M(y)$$

A continuación, se presentan todos los cálculos realizados, de forma resumida, teniendo en cuenta la tabla de distribución de frecuencias del inciso b.

Z_i	Z_1^2	$Z_1^2 * n_i$
-1.4	1.96	64.68
-0.4	0.16	4
0.6	0.36	7.2
1.6	2.56	38.4
2.6	6.76	33.8
3.6	12.96	25.92
		174
		1.74

Sustituyendo los valores es la fórmula, quedaría:

$$V_{(y)} = \frac{174}{100} = 1.74$$

La variabilidad que se espera es de 1.74 barcos.

Conclusiones

La estadística descriptiva es una herramienta fundamental para comprender y comunicar información sobre un conjunto de datos. Es el primer paso en cualquier análisis estadístico y proporciona una base sólida para realizar inferencias más complejas.

Las tablas de distribución de frecuencias son una herramienta poderosa para organizar, resumir y analizar datos. Permiten identificar patrones, calcular medidas descriptivas y preparar los datos para su representación gráfica.

Las medidas descriptivas más usadas son las de posición y dispersión las primeras dan una idea del centro de la distribución, mientras que las segundas expresan que tan dispersos están los datos con respecto a su punto medio.

Bibliografía

Canavos, G. C. (1988). Conceptos en probabilidad. En G. C. Canavos, *Probabilidad y Estadística. Aplicaciones y Métodos. Primera Parte* (págs. 28-84). Habana: Félix Varela.

Egaña, E. (2010). Teoría de probabilidades. En E. Egaña, *La Estadística. Herramienta fundamental en la investigación pedagógica.Segunda Edición* (págs. 333-352). Habana: Pueblo y Educación.

Espallarga, D., Acosta, M., Piña, L., & D´Espaux, J. (2012). Teoría de las probabilidades. En D. Espallarga, M. Acosta, L. Piña, & J. D´Espaux, *Manual de probabilidades y estadística matemática* (págs. 3-30). La Habana: Félix Varela.

Guerra, C., Menéndez, E., Barrero, R., & Egaña, E. (2006). Probabilidades. En C. Guerra, E. Menéndez, R. Barrero, & E. Egaña, *Estadística* (págs. 65-87). Habana: Félix Varela.

Hoel, P. G. (1987). Distribuciones empíricas de frecuencia de una variable. En P. G. Hoel, *Introducción a la Estadística Matemática* (págs. 67-84). La Habana: Pueblo y Educación.

Luis, H., Alfredo, C., Arturo, B., & Ramón, P. (1975). *Probabilidades.* Habana: Pueblo y Educación.

Villanueva, M., D´Espaux, J., Solía, M., Jiménez, B., & García, E. (2004 y 1987). *Laboratorio de Estadística Matemática I. Primera y Segunda Parte.* Habana: Félix Varela.

Printed by Books on Demand GmbH, Norderstedt / Germany